实用家居设计——前卫风格

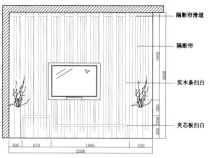

金长明　张　娇　主编

辽宁科学技术出版社

·沈阳·

本书编委会

主　编：金长明　张　娇
编委：张　帆　罗　婷　曲智博　李星儒　武　艺　邹春婉　戴　巍

投稿联系方式

王西萌　QQ：40747947　　　　　2433126980
汪　琢　QQ：1377508413　　　　 1394237385
于　倩　QQ：758517703　　　　　1711219373
许琳娜　QQ：1519952873　　　　 15099706451

办公电话：024-23284356　　　　024-23284536

图书在版编目（CIP）数据

实用家居设计. 前卫风格 / 金长明，张娇主编 .—沈阳：
辽宁科学技术出版社，2012.7
　ISBN 978-7-5381-7467-0

　Ⅰ. ①实… 　Ⅱ. ①金…　②张… 　Ⅲ. ①住宅—室内
装饰设计—图集 　Ⅳ. ① TU241-64

中国版本图书馆 CIP 数据核字（2012）第 083823 号

出版发行：辽宁科学技术出版社
　　　　　（地址：沈阳市和平区十一纬路 29 号　邮编：110003）
印　刷　者：沈阳天择彩色广告印刷有限公司
经　销　者：各地新华书店
幅面尺寸：215mm×285mm
印　　张：4
字　　数：50千字
印　　数：1～4000
出版时间：2012年7月第1版
印刷时间：2012年7月第1次印刷
责任编辑：郭媛媛
封面设计：唐一文
版式设计：唐一文
责任校对：刘　庶

书　　号：ISBN 978-7-5381-7467-0
定　　价：24.80 元（附赠光盘）

联系电话：024—23284356　18604056776
邮购热线：024—23284502
E-mail:purple6688@126.com
http://www.lnkj.com.cn
本书网址：www.lnkj.cn/uri.sh/7467

Contents 目录

附　前卫家居设计宝典

如何做好装修准备？

过时的装修方式和建材有哪些？

什么是房屋的层高和净高？

什么是家庭装修的主材和辅材？

客厅装修中如何让"暗厅"变"明厅"？

如何测量居室墙面面积与地面面积？

装修居室，哪些部位不许拆改？

墙皮脱落如何解决？

主卧装修的注意事项有哪些？

如何设计儿童房？

怎样设计老人房？

厨房橱柜的基本形式？

卫生间洁具位置如何确定？

装修卫生间的注意事项？

春季装修有哪些注意事项？

如何控制"豪华"装修的度？

先买家具还是先装修？

设计：李诗海

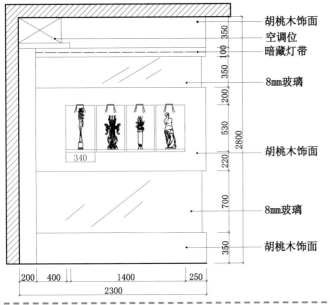

胡桃木饰面
空调位
暗藏灯带

8mm玻璃

胡桃木饰面

胡桃木饰面

8mm玻璃

胡桃木饰面

350 350 100 350 200 530 220 700 350
2800
340
200 400 1400 250
2300

设计：曾成毕

设计：毛 毳

设计：宝 琦

玄关

客厅

餐厅

卧室

设计：刘 闯

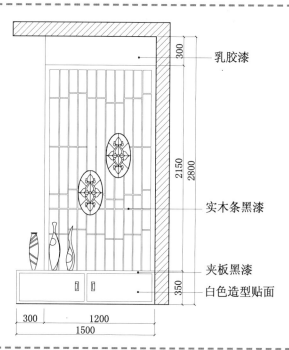

300 乳胶漆

2150 2800

实木条黑漆

夹板黑漆

350 白色造型贴面

300 | 1200
1500

设计：王 欢

设计：王 欢

设计：魏庆喜

设计：沈阳奉泉装饰

设计：徐 柯

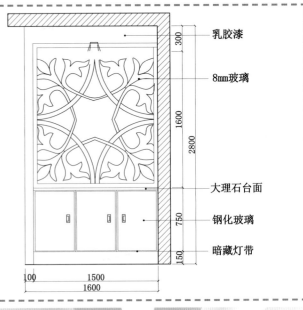

乳胶漆

8mm玻璃

大理石台面

钢化玻璃

暗藏灯带

300
1600
2800
750
150
100
1500
1600

设计：李中俊

设计：贾 元

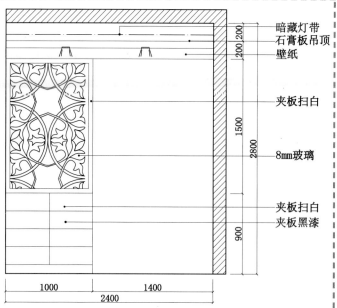

暗藏灯带
石膏板吊顶
壁纸

夹板扫白

8mm玻璃

夹板扫白
夹板黑漆

200 200

1500

2800

900

1000

1400

2400

设计：徐进超

玄关

客厅

餐厅

卧室

设计：曾成毕

设计：许芳明

设计：许芳明

设计：贾 元

设计：贾 元

设计：张全金

设计：钟方甲

设计：周 周

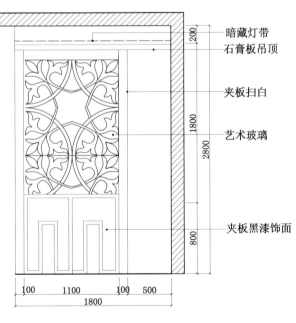

暗藏灯带

石膏板吊顶

夹板扫白

艺术玻璃

夹板黑漆饰面

200

1800

2800

800

100　1100　100　500

1800

设计：曾成毕

设计：李诗海

玄关 客厅 餐厅 卧室

设计：任伟

设计：王余峰

设计：厦门创家园设计装饰 林耀明

设计：王 峰

设计：李文斌

设计：李文斌

设计：张思文

设计：郑超群

设计：廉 旭

设计：李 楠

设计：李 楠

设计：郑广野

设计：李倩倩

设计：泉港华田装饰设计室

设计：大连金世纪装饰 张朝亮

玄关

客厅

餐厅

卧室

设计：代文强

设计：王 欢

设计：李 浩

设计：王海兵

设计：王海兵

设计：王海兵

设计：康 宁

玄关
客厅
餐厅
卧室

设计：贾冠楠

设计：袁 野

设计：胡文波

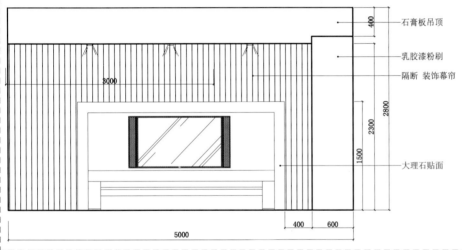

石膏板吊顶

乳胶漆粉刷

隔断 装饰幕帘

大理石贴面

400

3000

2300

1500

2800

400 600

5000

设计：大连金世纪装饰 戚纹光

设计：邓晓燕

设计：老 鬼

设计：厦门创家园装饰设计 林耀明

玄关
客厅
餐厅
卧室

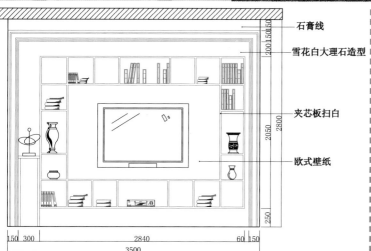

石膏线

雪花白大理石造型

夹芯板扫白

欧式壁纸

200 150 150

2800

2050

250

150 300　　　2840　　60 150

3500

设计：老 鬼

设计：黄 泽

设计：胡文波

设计：齐 闯

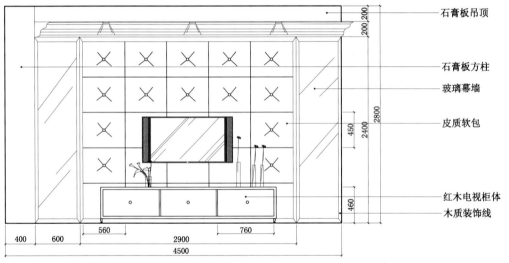

石膏板吊顶

石膏板方柱

玻璃幕墙

皮质软包

红木电视柜体

木质装饰线

200 200
2800
2400
450
460
400 600 560 2900 760
4500

设计：代文强

设计：沈阳奉泉装饰

设计：任 伟

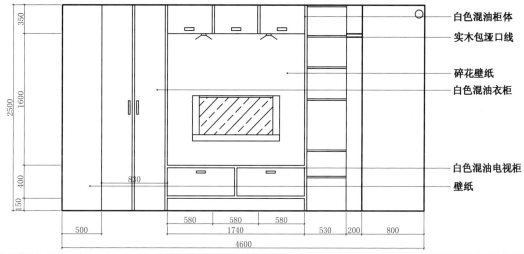

白色混油柜体
实木包垭口线
碎花壁纸
白色混油衣柜
白色混油电视柜
壁纸

350
2500
1600
150 400
830
500
580 580 580
1740
530 200 800
4600

设计：侯学坤

设计：贾冠楠

设计：吴安生

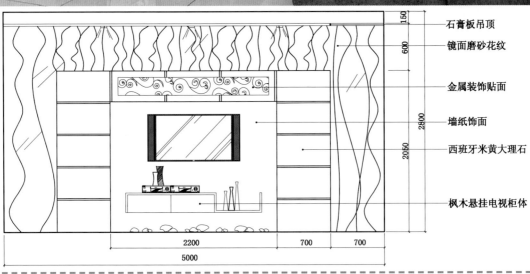

石膏板吊顶

镜面磨砂花纹

金属装饰贴面

墙纸饰面

西班牙米黄大理石

枫木悬挂电视柜体

150
600
2800
2050

2200 · 700 · 700
5000

设计：贾建新

设计：李 楠

设计：王汝长

玄关
客厅
餐厅
卧室

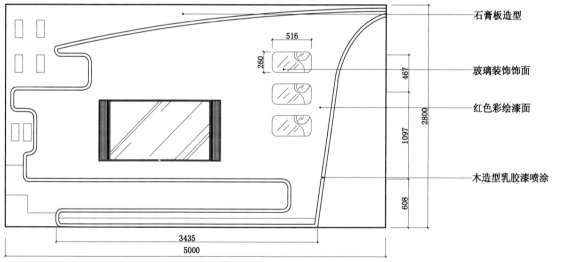

石膏板造型

玻璃装饰饰面

红色彩绘漆面

木造型乳胶漆喷涂

516
260
467
1097
2800
608
3435
5000

设计：李中俊

设计：刘 闯

设计：刘 闯

设计：刘 闯

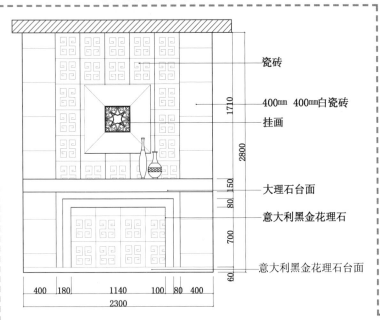

瓷砖

400㎜ 400㎜白瓷砖

挂画

大理石台面

意大利黑金花理石

意大利黑金花理石台面

1710

2800

150

80

700

60

400 180 1140 100 80 400

2300

设计：厦门创家园设计装饰 林耀明

设计：刘玉河

设计：石家庄尚·品设计工作室

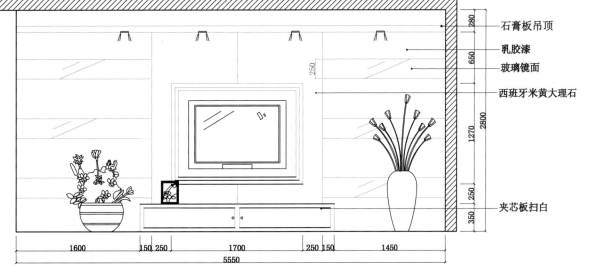

石膏板吊顶
乳胶漆
玻璃镜面
西班牙米黄大理石

夹芯板扫白

280
650
250
1270
2800
250
350

1600 150 250 1700 250 150 1450
5550

玄关
客厅
餐厅
卧室

设计：马 明

设计：厦门创家园设计装饰 林耀明

设计：王 兵

设计：文 岩

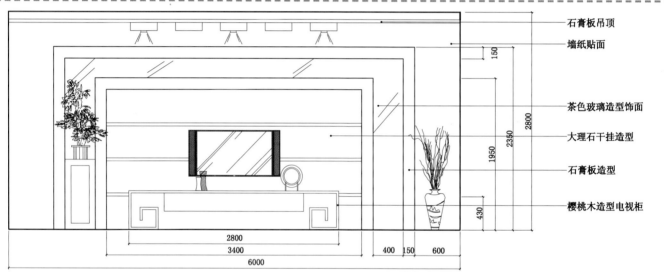

石膏板吊顶

墙纸贴面

茶色玻璃造型饰面

大理石干挂造型

石膏板造型

樱桃木造型电视柜

150

2800

2350

1950

430

2800

3400

400 150 600

6000

设计：王海兵

设计：徐 柯

设计：徐 柯

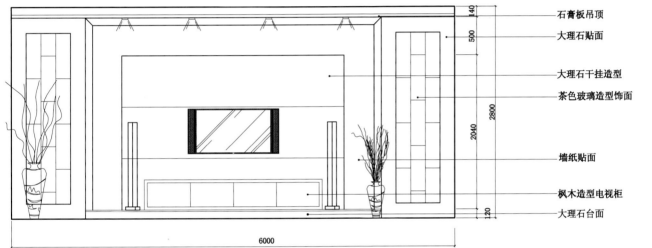

石膏板吊顶

大理石贴面

大理石干挂造型

茶色玻璃造型饰面

墙纸贴面

枫木造型电视柜

大理石台面

140
500
2800
2040
120

6000

玄关

客厅

餐厅

卧室

设计：王海兵

设计：黎 武

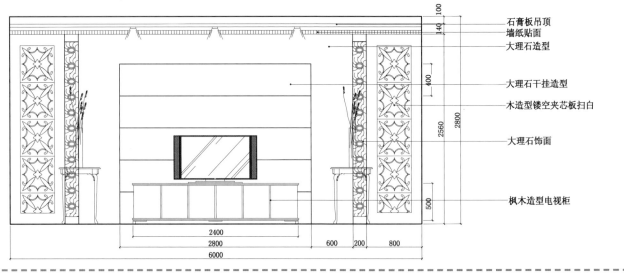

石膏板吊顶
墙纸贴面
大理石造型

大理石干挂造型

木造型镂空夹芯板扫白

大理石饰面

枫木造型电视柜

100
140
400
2560
2800
500

2400
2800
600 200 800
6000

设计：杨乐乐

设计：杨乐乐

设计：大连金世纪装饰 张朝亮

玄关
客厅
餐厅
卧室

石膏板吊顶

玻璃
外延30mm夹板台面
米黄色壁纸

黑胡桃饰面

1290
270
280
280
2800
1230
450

150 700 560
2140
2290
4200
500

设计：贾 元

设计：康德亮

设计：李丽娜

设计：刘 闯

设计：刘青清

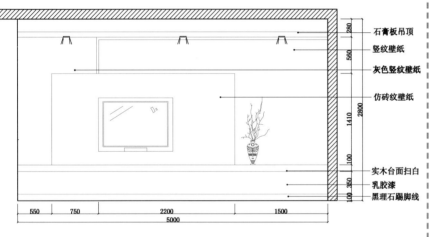

石膏板吊顶
竖纹壁纸
灰色竖纹壁纸
仿砖纹壁纸
实木台面扫白
乳胶漆
黑理石踢脚线

280
560
2800
1410
1100
350
100

550   750   2200   1500
5000

设计：刘青清

设计：刘青清

设计：康德亮

设计：李建春

设计：匡国亮

设计：刘青清

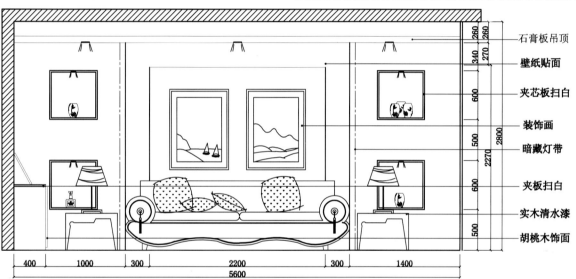

石膏板吊顶

壁纸贴面

夹芯板扫白

装饰画

暗藏灯带

夹板扫白

实木清水漆

胡桃木饰面

260 260
340 270
600
500
600
500

2800
2270

400 1000 300 2200 300 1400
5600

玄关

客厅

餐厅

卧室

设计：沈阳山石空间设计

设计：沙建磊

设计：魏 童

设计：程奇山

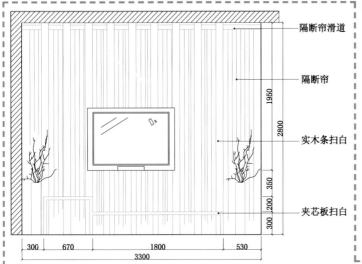

隔断帘滑道

隔断帘

1950

2800

实木条扫白

350

夹芯板扫白

300 200

300 670 1800 530
3300

设计：池彦华

设计：李丽娜

设计：赵 广

设计：林合元

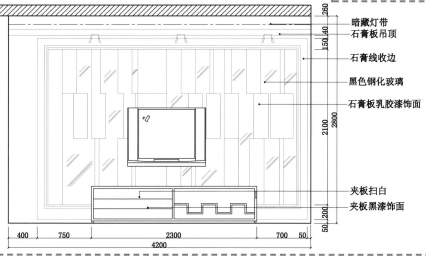

260
150 40
150
暗藏灯带
石膏板吊顶
石膏线收边
黑色钢化玻璃
石膏板乳胶漆饰面
2100
2800
夹板扫白
夹板黑漆饰面
50 200
400 750 2300 700 50
4200

设计：金 戈

玄关
客厅
餐厅
卧室

设计：刘成强

设计：齐 闯

设计：柯与陈设计事务所 柯 晓

设计：黎 武

设计：田来帅

设计：李倩倩

设计：齐 闯

玄关
客厅
餐厅
卧室

设计：田来帅

设计：杨璐帆

设计：君悦设计工作室

设计：君悦设计工作室

设计：黎 武

设计：王 访

设计：刘 闯

设计：刘 闯

设计：刘青清

设计：黎世红

设计：石家庄尚·品设计工作室

设计：于 乐

设计：刘青清

玄关

客厅

餐厅

卧室

设计：刘青清

设计：王海兵

设计：王海兵

设计：王海兵

设计：于 乐

设计：郑泽波

设计：王海兵

设计：王海兵

设计：王余锋

设计：王海兵

玄关
客厅
餐厅
卧室

设计：王余锋

设计：王海兵

设计：夏 燕

设计：张思文

设计：李倩倩

设计：周 周

设计：龙 华

玄关

客厅

餐厅

卧室

设计：王海兵

设计：王海兵

设计：王海兵

设计：王海兵

设计：李中俊

设计：文 岩

设计：杨建国

设计：文 岩

设计：王 访

设计：大连金世纪装饰 张朝亮

设计：马 明

设计：钟方甲

设计：钟方甲

设计：常 禄

设计：魏 童

玄关

客厅

餐厅

卧室

设计：刘 闯

设计：王 欢

设计：张全金

设计：房 伟

设计：李向明

设计：刘 闯

设计：厦门创家园设计装饰 林耀明

设计：魏 童

设计：杨静平

设计：邓 超

设计：钟方甲

玄关

客厅

餐厅

卧室

设计：郭长周

设计：君悦设计工作室

设计：杨静平

设计：杨静平

设计：张思文

设计：王海兵

玄关
客厅
餐厅
卧室

设计：景 尧

设计：王海兵

设计：谢小龙

设计：邓 超

设计：大连金世纪装饰 戚纹光

石膏板平棚
免漆装饰板
装饰画
黑色镜面
黑胡桃书立
黑胡桃收边线
黑胡桃书桌
黑胡桃装饰柜
黑胡桃板床

设计：老鬼

设计：老鬼

设计：老鬼

设计：谢小龙

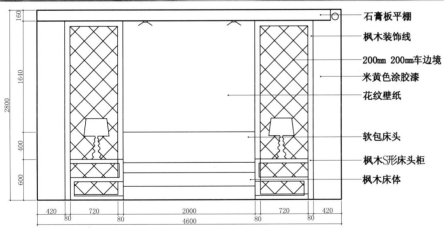

石膏板平棚

枫木装饰线

200mm 200mm车边镜

米黄色涂胶漆

花纹壁纸

软包床头

枫木S形床头柜

枫木床体

160
1640
2800
400
600

420 720 2000 720 420
80 80 80 80
4600

设计：刘青清

设计：王　欢

设计：张汉强

玄关

客厅

餐厅

卧室

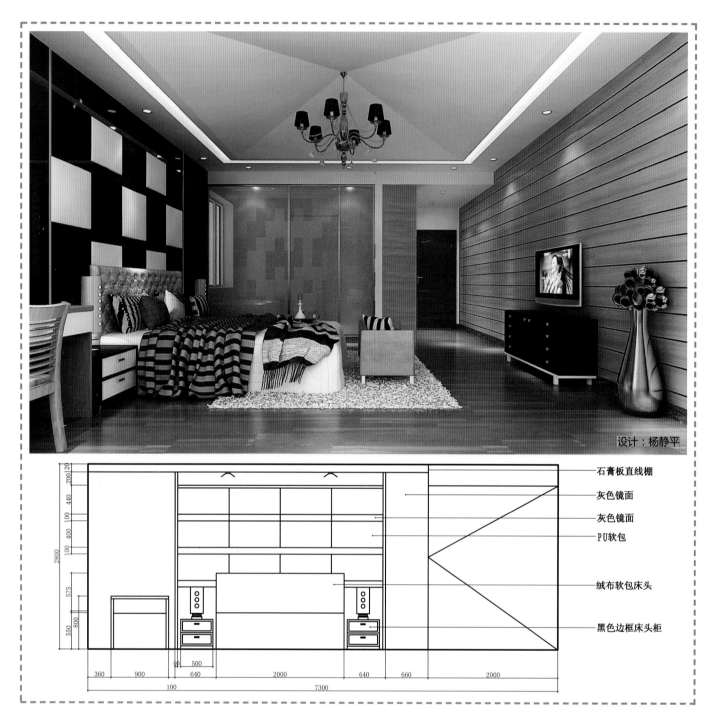

设计：杨静平

石膏板直线棚

灰色镜面

灰色镜面

PU软包

绒布软包床头

黑色边框床头柜

设计：刘 闯

设计：王 兵

设计：张全金

米黄色透光石
白色乳胶漆
胡桃饰面板
玻璃圆筒装饰

胡桃饰面板

白色烤漆床头
110mm 110mm
方格绒布软包

黑色床头柜

设计：张思文

设计：宝琦

设计：刘青清

玄关 客厅 餐厅 卧室

47

设计：刘 闯

设计：贾 元

设计：王 欢

设计：张汉强

设计：高 求

设计：黎 武

设计：黎 武

设计：黎 武

设计：君悦设计工作室

玄关

客厅

餐厅

卧室

设计：王 兵

设计：刘玉河

设计：杨岭峰

设计：刘青清

设计：大连金世纪装饰 戚纹光

设计：杨静平

设计：杨静平

设计：周朗辉

玄关

客厅

餐厅

卧室

设计：沈阳山石空间设计

设计：刘玉河

设计：刘玉河

设计：杨岭峰

设计：杨岭峰

康德亮 001　康德亮 002　康德亮 003　康德亮 004　康德亮 005　康德亮 006　康德亮 007　邵 权 008　邵 权 009　邵 权 010

邵 权 011　邵 权 012　邵 权 013　邵 权 014　邵 权 015　邵 权 016　邵 权 017　邵 权 018　邵 权 019　邵 权 020

邵 权 021　邵 权 022　邵 权 023　易银祥 024　易银祥 025　贾 元 026　林金亮 027　林金亮 028　刘青清 029　刘青清 030

沙建磊 031　沙建磊 032　钟方甲 033　沙建磊 034　石伟岐 035　石伟岐 036　石伟岐 037　石伟岐 038　石伟岐 039　唐 韬 040

唐 韬 041　黄伟峰 042　林金亮 043　贾 元 044　石伟岐 045　魏 童 046　熊逸飞 047　朱曾龙 048　金田伟业 049　沙建磊 050

贾 元 051　沙建磊 052　金田伟业 053　金田伟业 054　郑国庆 055　郑国庆 056　郑国庆 057　郑国庆 058　郑国庆 059　郑国庆 060

郑国庆 061　郑国庆 062　郑国庆 063　郑国庆 064　郑国庆 065　郑国庆 066　郑国庆 067　郑国庆 068　郑国庆 069　郑国庆 070

郑国庆 071　郑国庆 072　郑国庆 073　郑国庆 074　郑国庆 075　郑国庆 076　郑国庆 077　郑国庆 078　郑国庆 079　郑国庆 080

郑国庆 081　郑国庆 082　郑国庆 083　郑国庆 084　郑国庆 085　郑国庆 086　郑国庆 087　郑国庆 088　郑国庆 089　郑国庆 090

郑国庆 091　郑国庆 092　郑国庆 093　郑国庆 094　郑国庆 095　郑国庆 096　郑国庆 097　郑国庆 098　郑国庆 099　郑国庆 100

郑国庆 101　郑国庆 102　郑国庆 103　郑国庆 104　郑国庆 105　郑国庆 106　郑国庆 107　郑国庆 108　余顺弟 109　余顺弟 110

余顺弟 111　余顺弟 112　余顺弟 113　郑国庆 114　余顺弟 115　余顺弟 116　余顺弟 117　余顺弟 118　余顺弟 119　余顺弟 120

附赠光盘图片索引 (121~240)

余顺弟 121 余顺弟 122 余顺弟 123 余顺弟 124 余顺弟 125 余顺弟 126 邓晓燕 127 张 伟 128 张 伟 129 侯宇波 130

侯宇波 131 侯宇波 132 侯宇波 133 侯宇波 134 侯宇波 135 侯宇波 136 侯宇波 137 侯宇波 138 班跃明 139 班跃明 140

班跃明 141 王 达 142 万显波 143 万显波 144 李诗海 145 杜先帅 146 雷久东 147 雷久东 148 雷久东 149 田来帅 150

田来帅 151 温永新 152 鞠成巍 153 鞠成巍 154 鞠成巍 155 鞠成巍 156 鞠成巍 157 鞠成巍 158 鞠成巍 159 孙鹏辉 160

孙鹏辉 161 张 玲 162 杨静平 163 杨静平 164 杨静平 165 杨静平 166 杨静平 167 杨静平 168 杨静平 169 杨静平 170

杨静平 171 杨静平 172 杨静平 173 杨静平 174 陈中秋 175 陈中秋 176 陈中秋 177 陈中秋 178 陈中秋 179 陈中秋 180

陈中秋 181 陈中秋 182 陈中秋 183 陈中秋 184 陈中秋 185 陈中秋 186 陈中秋 187 陈中秋 188 陈中秋 189 陈中秋 190

陈中秋 191 陈中秋 192 陈中秋 193 陈中秋 194 黎世红 195 黎世红 196 黎世红 197 黎世红 198 黎世红 199 黎世红 200

黎世红 201 黎世红 202 黎世红 203 黎世红 204 黎世红 205 黎世红 206 黎世红 207 李文斌 208 李文斌 209 李文斌 210

李文斌 211 李文斌 212 李文斌 213 李文斌 214 李文斌 215 李文斌 216 范凯威 217 李德政 218 李德政 219 李德政 220

李德政 221 李德政 222 大连金世纪装饰 223 大连金世纪装饰 224 大连金世纪装饰 225 大连金世纪装饰 226 大连金世纪装饰 227 大连金世纪装饰 228 欧阳炳胜 229 欧阳炳胜 230

欧阳炳胜 231 欧阳炳胜 232 欧阳炳胜 233 郭长周 234 郭贵勇 235 郭贵勇 236 曲 胜 237 郭贵勇 238 郭贵勇 239 欧阳炳胜 240

前卫家居设计实用宝典
AVAND-GARDE HOME DESIGN
PRACTICAL MANUAL

Q 如何做好装修准备？

A （1）时间准备。确定好交楼日期后，进入到装修准备阶段，一般以提前一个月为佳。

（2）资金准备。一般来说，中档的装修大约会占房价的十分之一到五分之一。如一套房子房价是50万元，那么装修款大概在5万~10万元之间。

（3）心理准备。装修，业主所花费的时间和精力都很多，装修期间也比较辛苦，无论是跑市场买材料，还是监督工人施工，都需要亲力亲为，因此有良好的精神状态是装修顺利的前提保障。

Q 过时的装修方式和建材有哪些？

A （1）窗帘盒。除了吊顶可以暗藏窗帘滑轨外，更多人会选择明露的横杆来代替窗帘盒。

（2）墙裙。只有特殊风格才会采用墙裙，如田园风格、地中海风格等。

（3）吊顶、隔墙龙骨。老式的工艺采用木方作为龙骨，其易变形，防火性差，造价高。一般采用轻钢龙骨作为吊顶和隔墙龙骨，相对木龙骨造价低，防火，不易变形。

（4）铝合金窗。铝合金窗逐步被塑钢窗所取替或并存，原因更多的是保温和价格方面的因素，优质的保温性能和相对较低的价格使塑钢窗占有了更大市场。

（5）隔墙。现今很少采用红砖，一般采用轻质隔墙，如石膏板。

Q 什么是房屋的层高和净高？

A 房屋的层高是指下层地板面或楼板面到上层地板面或楼板面之间的垂直距离。

房屋的净高是指层高减去楼板厚度的净剩值。或者说，净高等于层高减去楼板厚度，即层高和楼板厚度的差。

Q 什么是家庭装修的主材和辅材？

A 家庭装修的主材一般来说包括墙面砖、地板、油漆涂料、卫生洁具、灯具、装饰五金以及采购的成型门等。这些材料在家庭装修的过程中可以起到影响整体装修效果的目的，因此，称之为装修主材。

家庭装修的辅材则范围很广，既包括水泥、沙子等原始材料，也包括木材以及其他制品，如腻子粉、白水泥、石膏粉、螺丝等。一些家装工程把给排水项目使用的水管以及管件、配电工程使用的电线、线管、暗盒等也视为辅材。

Q 客厅装修中如何让"暗厅"变"明厅"？

A （1）补充人工光源。光源在立体空间里塑造耐人寻味的层次感，适当地增加一些辅助光源，尤其是日光灯类的光源，映射在天花板和墙上，能收到奇效。另外，用射灯打在浅色装饰画上，也可起到较好效果。

（2）统一空间色彩。背阴的客厅忌用一些沉闷色调。由于受到空间的局限，另类的色块会破坏整体的柔和与温馨。宜选用白桦或者枫树饰面亚光区家具、浅米黄色光面砖，小面积用浅冷色调调试，在不破坏氛围的情况下，能突破暖色的沉闷，较好地起到调节光线的作用。

（3）增大活动空间。厅内摆放家具时会产生一些死角，并破坏色调整体协调度。这时应根据客厅的具体情况，设计出合适的家具，靠墙的展示柜及电视柜最好量尺寸定做，节约每一寸空间，在视觉上保持规整性，自然显得开敞光亮。

◎ 如何测量居室墙面面积与地面面积？

Ⓐ 墙面面积为墙面的长度乘以高度，单位为平方米，门、窗所占面积应扣除，但不扣除踢角线、挂镜线、单个面积在 0.3m² 以内的孔洞面积和梁头与墙面交接的部分。

地面面积是按墙与墙之间的净面积以平方米计算，不扣除间壁墙，穿过地面的柱、垛和附墙烟囱等所占面积。楼梯踏板的面积按实际展开面积以平方米计算，不扣除宽度在 30cm 以内的楼梯井所占的面积。

◎ 装修居室，哪些部位不许拆改？

Ⓐ 建设部首部专门规范室内装饰装修的法规——"城市住宅室内装饰装修管理办法"中规定，住宅室内装饰装修活动，禁止下列行为：①未经原设计单位或者具有相应资质等级的设计单位提出设计方案变动建筑主体和承重结构；②将没有防水要求的房间或者阳台改为卫生间、厨房间；③在外墙上开门、窗，扩大承重墙上原有的门窗尺寸，拆除连接阳台的砖、混凝土墙体；④损坏房屋原有节能设施，降低节能效果；⑤其他影响建筑结构和使用安全的行为。

◎ 墙皮脱落如何解决？

Ⓐ （1）要装修的墙面必须坚实、牢固、干燥，含水率小于 10%，必须将旧基层清理干净。新房中有的开发商交房时刮的腻子很容易粉化、起皮、脱落，必须全部铲掉，重新进行基层处理。

（2）在重新刮腻子之前，涂刷一遍封底漆。涂刷封底漆能够改善基层墙面的酸碱度，提高基层强度，并能使涂层与基层有更好的黏结力。

（3）刮二遍腻子。应该选择知名企业的耐水腻子。这些腻子白度高，耐水性好，黏结强度高，使用后不起皮、不粉化、不脱落，能够解决墙皮脱落的烦恼。如此处理之后的墙面，再涂刷上合格的乳胶漆，就不会出现墙皮脱落的现象了。

◎ 主卧装修的注意事项有哪些？

Ⓐ （1）保暖。卧室的地面应具备保暖性，一般宜采用中性或暖色调，材料可选择地板、地毯。

（2）墙壁。墙壁约有三分之一的面积被家具所遮挡，而人的视线除了床头上部的空间外，主要集中于室内家具上。因此墙壁的装饰易简单，床头上部的主体空间可以设计一些个性化的装饰品。

（3）吊顶。吊顶的形状、色彩是卧室装饰设计的重点之一，一般以简洁、淡雅、温馨的暖色系列为好。

（4）灯光。卧室的灯光照明以温馨色调为主，床头上方可嵌筒灯或壁灯，也可在装饰柜中嵌筒灯，使室内更具浪漫舒适的温情。

（5）家具。目前住宅中卧室面积一般在 15~20m² 就足够了，必备的家具有床、床头柜、更衣柜、低柜或电视柜、梳妆台。

◎ 如何设计儿童房？

Ⓐ （1）地面。在儿童的活动空间里，地面应具有抗磨、耐用等特点。一些较为经济的选择是刷漆的木质地板或其他一些富有弹性的材料，如软木、橡木、塑料、油布等。

（2）家具。为孩子选择家具对父母来说应该是一件很有趣味的事情。夸张的设计在这里显得不过分唐突了，因为孩子可以在利用想象力与创造力装点出的房间里获得极大的乐趣与启发。

（3）布艺。可选择颜色花色素淡的布料做床罩，然后用色彩斑斓的长枕、垫子、毯子、玩具去搭配装饰素雅的床、椅子和地面。其中长枕、垫子等的外套可以备有多种颜色，可以在不同季节、孩子不同年龄时更换其外观。

（4）窗帘。颜色可以选择浅色或带有一些卡通图案的面料，材质不宜过厚，这样在春夏两季阳光充足的时候，拉上窗帘孩子可以在光线柔和的房间里玩耍。

◎ 怎样设计老人房？

Ⓐ （1）控制室内的噪声。老年人通常好静，室内环境基本的要求是门窗、墙壁隔音效果好。

（2）家具的安全性。老年人一般腿脚不便，为了避免磕碰，在选择日常生活中的常用家具时，那些见棱见角的家具越少越好。

（3）选择平和的色彩。应偏于古朴、平和、沉着的室内装饰色，与老年人的经验阅历相符合。

（4）布置温馨的环境。例如起夜使用的适中亮度的灯光，房间中搭配盆栽花卉，在花前摆放躺椅、藤椅等，效果极佳。

Q 厨房橱柜的基本形式？

A 厨房设计的合理概念是"三角形工作空间"，即洗菜池、冰箱、灶台安放在呈三角形的位置，相隔的距离不超过一米，橱柜根据厨房的面积和布局，可分为以下几种：

（1）一字形。把所有工作区都安排在一面墙上，通常在空间不大、走廊狭窄的情况下采用。

（2）L形。将清洗、配膳、烹调三大工作中心一次配置于相互连接的L形墙壁空间，这种空间运用比较普遍、经济。

（3）U形。水槽在U形底部，配膳区和烹饪区分设两旁，使水槽、冰箱、炊具连成正三角形，此设计可增加更多的收藏空间。

Q 卫生间洁具位置如何确定？

A （1）浴盆。侧面与墙间距不少于50mm。

（2）抽水马桶。纵向中线距离墙间距不少于38mm，前端线距离墙间距不少于46mm。

（3）洗手盆。纵向中线距离墙间距不少于36mm。

（4）淋浴间。依靠墙角设置。

Q 装修卫生间的注意事项？

A （1）防水。卫生间一定要做好防水，不但包括地面，墙面也要做，而且要达到1.8m。

（2）地面坡度。卫生间面积虽小，但要重视其铺装，采用质量好的瓷砖。地面坡度要严格按照国标标准设置，如选择防臭地漏还应适度增加坡度。

（3）瓷砖。如选择有腰线的花砖，应确定好腰线、台盆的高度。

（4）柜子。卫生间的柜子可以到相应公司定做，最好选择下面有金属脚悬空的，漏水易维修。

（5）挂件。单杆的毛巾架比双杆的实用。卫生间中放置化妆品的隔板要求承重且质量较好的。

Q 春季装修有哪些注意事项？

A （1）注意防火。选择安全的装饰材料。现场禁止吸烟，不能动用明火；油漆、稀料等易燃品应存放在离火源远、阴凉、通风、安全的地方；施工现场应及时清除木屑、漆垢。

（2）保证通风。降低油漆涂料挥发物浓度，谨防爆炸。若室内通风不良，油漆挥发出的气体不易排出，大量聚于室内，遇到明火容易爆炸。

（3）避免选择受潮木料。悉心存放防止变形。一定要去大的批发商处购买木料，其一般在产地做了干燥处理，相应减少了木料受潮的机会。

（4）买瓷砖关注含水率。防止出现裂纹陶。现在市场上瓷砖花样繁多，春季选购时应注意它的含水量。表面平滑细腻、光泽晶莹，无光面、手感柔和的就是含水量适中的产品。

（5）铺地板留好伸缩缝。安装木质地板时，一定请工人留下足够的伸缩缝，这样在夏季来临时，地板才不会起翘。

Q 夏季装修有哪些注意事项？

A （1）装修材料要注意保管与堆放。半成品的木材、木地板或者是刚油漆好的家具，切勿急于放在太阳下曝晒，应该注意放在通风干燥的地方自然风干，否则材料不仅容易变形开裂，还会影响施工质量。

（2）做好饰面基层的处理。尤其是粘贴瓷砖、地砖，处理墙面之前，不能让饰面底层过于干燥，一般处理前先泼上水，让其吸收半小时左右，再用水泥砂浆或者石膏粉打底，以保证粘贴牢固。

（3）施工后期保养。已经做好的水泥地面，或者水泥屋面，3~5天内每天应该放些水来保养，以防开裂。

（4）化工制品的合理使用。施工前，应该详细阅读所用产品，如胶水、粘贴剂、油漆等化工产品的说明书，一定要在说明书所说的温度及环境下施工，以保证化工制品质量的稳定性。

（5）增强工地的安全系数。夏季工人穿着较少，身上容易流汗，汗水易浸入工地，因此要做好劳保防护。赤脚最容易让钉子扎伤，安装电路时切记要绝缘，断电施工。

Q 目前家庭装修还需要设计暖气罩吗？

A 暖气罩原来的用途，是遮掩暖气片。因为老式的暖气片样子很难看，与室内的其他装饰不相协调，因此要把它遮盖起来。现在使用的新型暖气片，一改原来暖气"傻大黑粗"的形象，变得秀气了。所以暖气罩的作用也就不大了。使用暖气罩还有不少弊端，如影响散热、不利于室内采暖和不便于维修等。

Q 客厅需要大面积吊顶吗？

A 吊顶最大的用途，是遮蔽房顶上难看的设备层。如果客厅天花板上没有纵横交错的管线，而房间又不高的话，大可不必做大面积的吊顶。目前，比较好的顶部装饰手法，是采取局部吊顶的方式，既活跃了空间，又不致使人感到喘不上气来。也可以采用天花板四周吊顶，中间留灯池的手法，效果也相当不错。

Q 怎样计算装修工作量？

A 施工工作量的计算由材料和人工两部分组成。家居装修的内容各家不同，所涉及的工种和材料也较多。工作量的计算一般是根据家庭装修中的每个单项项目来计算所耗材料的消耗量及人工消耗量，其中材料的消耗量也是根据装修展开面积计算，然后加上合理损耗。而人工消耗量是参照国家编制的施工人员工时标准定出的，各工种作业工时标准均不相同，而家庭装修的工时计算应比国家标准放宽一点，因为家庭装修工种齐全，作业面小，工程量少，耗工多。当你了解了家庭装潢中面积和工作量的计算方法之后，就能很容易地将自己家中的装修面积和工作量计算出来，然后分别乘以装修材料的单价和人工费单价，两项数目相加，最后再加上辅助材料的费用，即是整个工程的装修施工的直接费用。

Q 铺装墙砖和地砖要注意什么？

A 贴墙砖和地砖主要指瓦工干的活。铺贴前应将砖浸泡水中，宜隔天浸泡，阴干到表面无水渍，方可铺贴。铺贴时水泥地面应浇水湿润，用水泥砂浆（内掺 107 胶水 20%）涂抹在砖的背面，一定要拼缝紧密，并即时进行调整，以后每铺完一行检查一次。卫生间、厨房、阳台、地板铺贴地砖，必须向地漏处倾斜，倾斜度应控制在 2%（3mm）。在贴转边角时应注意排砖的问题：非整砖宽度不宜小于整砖的三分之一，且非整砖应用于不明显处或阴角处，阳角处整砖起排，窗户两边宜用整砖。对于瓦工的验收主要有几个部分：首先在两米之内误差不得大于 2mm，砖缝应整齐，统一大小，不得有空鼓，不得松动，用两米长的直尺或靠尺进行验收。其次可以用小锤在地面或墙面上全数轻轻敲击，不得有空鼓声。最后要注意有排水要求的地砖铺贴坡度应满足排水要求，与地漏结合处应严密牢固。

Q 容易引发安全事故的装修方式？

A （1）家装中需注意楼房地面不要全部铺装大理石。大理石比地板砖和木地板的重量要高出几十倍，如果地面全部铺装大理石就有可能使楼板不堪重负。特别是二层以上，因为未经房屋安全鉴定站鉴定的房屋装饰，其地面装饰材料的重量不得超过 40kg/m^2。

（2）厕浴间防水也是装修中一个关键环节。一般的做法是，在装修厕浴间前，先堵住地漏，放 5cm 以上的水，进行淋水试验，如果漏水，必须重做防水；如果不漏的话，也要在施工中小心铺设地面，不要破坏防水层和擅自改动上下水及暖气系统。

（3）在居室装修中为了追求豪华，在四壁上贴满板材，吊顶镶上两三层立体吊顶，这种装修做法不可取。因为四壁贴满板材，占据空间较大，会缩小整个空间的面积，费用也较高，同时不利于防火。吊顶过低会使整个房间产生压抑感。

Q 装修后去除异味的好方法？

A （1）除油漆味。新刷油漆的墙壁或家具有浓烈的油漆味，只要在地板上放置两盆冷盐水，油漆味即除。

（2）除霉味。要预防抽屉、壁橱、衣箱里散发霉味，可往里面放上一块香皂，就能使霉味消除。

（3）除厨房异味。可将橘子皮放在火上烤，异味即可消除。锅内放少许食醋，点火使其蒸发，也可消除异味。

（4）除厕所异味。将一盒清凉油打开盖放在角落低处，臭味即可消除。一盒清凉油可用 2~3 个月。

Q 家庭装修省钱小窍门？

A （1）墙内不省墙外省。埋入墙内的电线和水管要选择品质好的，因为一旦出了问题要修理代价很人。而挂在墙上的装饰品、窗帘、灯具等则选择相对便宜的，一是，修理更换很方便；二是，时间长了，如果要更换新的也不会太心疼。

（2）开关不省插座省。原因是开关的使用频率高，对品质的要求也高，并且开关一般安装在显眼的位置，要求装饰效果也要出色。而插座一般使用频率很低，电视机、冰箱等电器插上电源后一般就不会拔下，加上插座通常安装在隐蔽的位置，对装饰性没有很高的要求。

（3）地面不省立面省。在家里，人与地面接触的时间最长，而一般不与墙面直接接触，所以地面材料尤其关注品质，无论是卧室、客厅的地板还是厨房、卫生间的地砖都选择质量上乘的产品。而墙面的涂料和厨卫的墙砖则选择一般品牌的，由于地面只有一个面，而立面有四个面，这样节省的资金可不少。

Q 如何识别家具质量？

A （1）柜类家具的柜体结构松散，榫结合部位不牢固，有断榫、断料情况发生；人造板家具的顶板、樘板，底板与侧山用钉子连接，工艺极不合理。

（2）抽屉无榫、无槽，屉底无带；抽屉结构处松散，榫结构处不施胶，抽屉帮和堵头用钉子连接。

（3）用料严重不合理，使用刨花板条、中密度板条作衣柜的门边、立柱、前撑、屉撑等承重部件。

（4）家具的功能尺寸不符合标准规定的要求。如大衣柜的挂衣空间高度达不到 1350mm，挂衣空间深度达不到 520mm 等。

（5）家具产品外观质量粗糙。木家具有薄木和贴面大面积开胶，油漆色花严重；软垫和沙发包布牙线不直，多处跳线；产品无商标，未注明产地和企业名称，未贴质量等级标志。

Q 哪些是电工方面操作不规范的行为？

A （1）线路接头过多及接头处理不当。有些线路过长，在电工操作时会有一些接头产生，但由于一些施工队的电工师傅受技术水平限制，对接头的打线、绝缘及防潮处理不好，容易发生断路、短路等现象。

（2）为降低成本而偷工减料，做隐蔽处理的线路没有套管。

（3）做好的线路受到后续施工的破坏。如墙壁线路被电锤打断、铺装地板时气钉枪打穿了ＰＶＣ线管或护套线等。

（4）各种不同的线路走同一线管。如把电视天线、电话线和配电线穿入同一套管，使电视、电话的接收受到干扰。

Q 如何控制"豪华"装修的度？

A 目前，有些业主在进行家庭装修中认为，最好的东西才能显得豪华和尊贵，在家装中自然全都要用最好的。例如要求墙面是高级锦缎，地板是高档实木板，然后再铺上纯羊毛地毯。房间天花作精致吊顶，挂水晶灯，然后摆放红木家具，意大利真皮沙发等。

其实，真正的豪华是通过对比、烘托的手法产生出来的整体效果上的豪华，而不是细节上的一味高价格装修。实际上豪华的装修要注意两个基本点：一是实用，通过空间的合理规划，布局井然有序，使居住环境出现简洁明快的效果，住在这样的环境里面自然感觉很舒服。其次，就是满足人们的审美需求，要使家居空间环境产生怡情养性的背景。

Q 花钱请家装监理值不值？

A 作为提供专业技术服务的家居装饰监理公司是独立的法人单位，其职责是受业主委托，对家居装饰工程进行全过程的监理，并按业主的要求对工程质量、安全、造价进行控制和管理。有了家居装饰监理公司为自己服务，消费者不仅能省时、省力，还能省钱。例如，某女士装修时要用石膏板做一个隔断，开始装饰公司准备采用 9.5mm 的材料，而监理公司认为改用 12mm 的石膏板，隔断更结实、隔音效果也更好。由于她是装饰公司包工包料，这样装饰公司就为她多花了 200 多元的材料费。所以说，请家装监理把关，消费者花在家居装修工程上的钱更实在，也能使用比较好的建筑材料。由此可见，花钱请家装监理到底值不值是不言而喻的。

塑料家具的优缺点有哪些？

🅰 （1）可塑空间更大。塑料材质在日常生活中的比重越来越高，塑料产品因为具有可塑性兼顾人体工学、功能性、灵活性与耐用性，在造型、颜色、创意上的无限变化更能符合家具设计师的想法，其韧度特性更贴近设计师的塑形要求，比其他材质更能完善表现设计师的美学理念。

（2）更适合小空间。塑料家具特别适合小空间，塑料家具在空间的编排方式上，并不是要全面使用塑料家具，它是用来点缀居室气氛，让家更有生气、更活泼，甚至可以说是更有艺术感。

（3）保养简单。塑料家具有防潮、轻便、省空间、好清理的优点，保养不费力，只要用湿抹布擦拭或者使用清洁剂擦拭，然后再用干布擦拭就可以了。

（4）传达生活新概念。塑料家具传达灵活、轻便的生活新概念，可回收的再生塑料，解决了环保的难题，技术工艺的改进，保证和提高了塑料家具的品质。因此，耐用、环保、轻便、降低成本，使用与储藏不占空间，经济实用，使塑料家具以低价位、高品质的形象，成为家具市场新的明日之星。

打制家具好，还是直接购买成品家具好？

🅰 一般来说，做家具可以有效地利用空间，量体裁衣；可以根据主人的喜好，定制造型和式样，满足主人对实用的要求；可以保持色彩与其环境相协调，富有整体感；同时可把那些影响美观的各种管道等突出物包含进去，掩饰房屋结构的某些不足。做家具的最大缺点是固定后不能移动，由于是手工制作，材料选择要求较高，不能做复杂的造型，价格相对来说也稍高。因此，选择做家具时，一定要选择手艺较高、责任心强的工人。

从家具市场选购家具，一般都有较好的外观，造型、颜色、款式富于变化，可供挑选的余地较大。尤其是现在一些家具厂商，迎合消费者的个性化需求，在造型和功能上挖掘潜力，使得各大家具市场里五花八门，琳琅满目，也使得消费者心动一时，频频驻足。买家具的另一个优点是便于移动，省得搬家时的浪费可惜。买家具的缺点是不能充分利用屋内空间，家具的摆放可能会受到很多限制。为了使不同的家具相匹配，选购一套合意的家具，往往会花费相当长的时间和精力。

装修合同的组成内容包括哪些？

🅰 （1）工程主体。包括施工地点名称，这是合同的执行主体；甲乙双方名称，这是合同的执行对象。

（2）工程项目。包括序号、项目名称、规格、计量单位、数量、单价、计价、合计、备注等。这部分多数按附件形式写进工程预算与报价表中。

（3）工程工期。包括工期为多少天、违约金等。

（4）付款方式。对款项支付手法的规定。

（5）工程责任。对于工程施工过程中的各种质量和安全责任承担做出规定。

（6）双方签署。包括双方代表人签名和日期，作为公司一方的还包括公司盖章。

如何避免装修纠纷？

🅰 （1）选择正规的公司。具有资质认证的装修公司必须具有工商行政管理部门颁发的营业执照和资质认证书，这些都是装修规范化的保障。

（2）认真审查报价单。仔细考察报价单中每一单项的价格和用量是否合理。

（3）签订正式的书面装修合同。合同的每一个条款都要清楚，具有可操作性，特别是有关装修工程的质量条款、付款条款以及验收条款。如在装修过程中变更部分装修内容，也应及时采用书面形式变更合同的相关内容。

（4）预防意外。选择正规的装修公司，因为这些装修公司都应为自己的员工上工商保险，一旦发生意外，可通过保险得到补偿。

（5）保存证据。首先要注意保留票据，如合同、双方变更的书面文件及付款凭证等；其次要保护好现场，如装修后的破损状况等。

各个工种的工作范畴有哪些?

A（1）力工。力工这个工种几乎贯穿整个装修过程。前期，力工的主要工作是墙体改造，刨墙、砸墙、地面起皮等；中期，力工的主要工作是建材的上楼搬运；后期，对装修后的垃圾清运，安装卫生间与厨房的挂架等。

（2）水电工。水电工的工作范围主要为水路和电路的改造，以及后期洁具和灯具的安装。

（3）瓦工。瓦工的工作为砌筑墙面、墙面抹灰、地面找平、卫生间和厨房的防水工程、瓷砖铺设等。

（4）木工。木工的工作根据业主的不同装修要求而定，活多而杂，对技术要求全面。大体上可能有以下内容：吊顶、门和门套制作安装，各类柜体，如衣柜、书柜、橱柜、玄关等的制作，踢脚线和棚线的安装。

（5）油工。室内需要进行油漆处理工作，包括木工制作的各类家具以及门等的喷漆、墙面使用腻子找平以及涂刷乳胶漆、壁纸的铺装等。

如何选择工人?

A（1）亲戚朋友介绍。因为亲戚朋友熟悉，他们介绍的工人通常都能靠得住。但是也应该注意的是，他们介绍的工人是否真符合你。例如，你的朋友介绍了一个瓦工，他可能铺设普通瓷砖比较在行，但是却不会铺仿古砖，所以还要衡量介绍的工人是否与你的装修档次以及要求匹配。

（2）同小区的工地。当一个小区办理入住后，通常许多家庭都马上进行装修，这个时候你可以到正在装修的邻居家现场观摩，往往就会发现并记住很好的工人，可以实时地跟他们沟通一下你的装修思想，并且还顺便可以把价格谈一下，往往会收到比较好的效果。

（3）网上。当前各个门户网站都有装修版块，可以到所在当地城市的分版面里面，会有许多工人发帖推荐自己，或者有网友分享自己的装修日记时，也会重点介绍到所用过的工人，也可能有意外的发现。

（4）看活。无论是哪种方法找工人，都不能只凭一张嘴说，要看他具体的水平如何，也就是一定要看到他的施工工地，网上要看到施工照片，现实中一定要到他的工地看一下，这样才能放心。

前期需要购买的装修工具有哪些?

A（1）瓦工专用。如果单独找工人施工，瓦工需要的工具比较多，需要业主购买的主要有铁锹、和泥盆，用来和灰使用，一般建材店都有。

（2）五金工具。这部分主要有锤子、钳子、螺丝刀等，这些工具在整个装修期间使用频率都很高，虽然工人都有，但是自备一些以方便不时之需。

（3）生活工具。由于大多数待装修的房子都没有坐便，所以可以购买一次性坐便器，方便装修工人使用，一般建材店都有售，价格5~10元。

（4）劳保工具。装修中应该注意自身保护，所以可以事先准备手套、口罩，多买一些，价格还能便宜，以后也可以使用。另外，参与装修的业主，应该准备两三套工作服，以备在装修时使用。

先买家具还是先装修?

A在装修房屋前应先把家具的款式、颜色、尺寸及价位等确定下来，然后制定装修方案，就像穿着一样，使风格、色彩、质量得以统一。家具和装修都建立在"功能、视觉、材质"这三大要素上，人们对房屋的装修和家具的配置，也都离不开对其功能的追求。然而作为追求精神生活的人来说，仅仅在功能上的满足是不够的，视觉上的满足也是极为重要的。装饰材料的材质和功能紧密相关，优质材料和精细加工同时带来视觉、触觉及心理上的满足。传统那种"先装修后买家具"的主张，忽视了家具和装修的"功能、视觉、材质"这三大要素之间的关系。如果不知道家具的具体尺寸就进行装修，其结果往往就像买衣服不问尺寸一样，不是太大或太小，就是颜色、风格不搭配。这样功能或许得到了满足，视觉上却难以达到审美要求。

购买建材慎重选择"团购"?

A近年来装修团购成为城市装修中的一种新形式。业主在团购建材时，切记被团购现场火热的气氛以及主持人的言语所迷惑，需要告诫自己冷静慎重选择。实际上，根据经验，团购的建材价格并不比自己去购买便宜多少，有些甚至更贵，里面的陷阱更多，业主一定要格外小心。

ⓠ 装修完毕，多长时间入住为宜？

🅐 刚装修过的房间里，甲醛浓度最高，随着时间的延长浓度会逐渐下降，下降速度通常与通风有关。在通风差的房间，装修完毕两个月后，甲醛浓度才开始下降，但是 6 个月后仍然高于一般居室。而普通住宅在装修后 4 个月，甲醛浓度开始与室外相近 0。因此，一般来说居室装修 4 个月后再入住最好。另外，室内养花利用绿色植物吸收有害物质也是一种方法，有"绿色过滤器"之称的吊兰，以及龟背竹、常青藤等，都是消毒净化环境的植物。

ⓠ 空调位置怎么放？

🅐 （1）选择坚固、不易受到振动、足以承受机组重量的地方。
　　（2）选择排水容易、可进行室外机管路连接的地方。
　　（3）选择不靠近热源、蒸汽源，不会对机组的进出风产生障碍的地方。
　　（4）选择可将冷风或热风送至室内各个角落的地方。
　　（5）应选择靠近空调器电源插座的地方，且机器附近留出足够空间。
　　（6）应选择室内机下方无电视机、电脑等贵重物品的地方。
　　（7）在卧室内安装，不宜让出风直吹向床。

ⓠ 安装空调时的注意事项？

🅐 （1）防止雨水从穿墙孔向室内倒灌。在空调安装过程中，必须打一个室内稍高一些的穿墙孔。安装完成后，穿墙孔的空隙必须用油灰堵好。
　　（2）防止室内漏水。要保证空调制冷时产生的冷凝水能够排到室外，安装时可以在空调器的接水盘中倒入一点水，检查是否能排到室外。
　　（3）防止室外漏水。空调在冬季制热时，会因化霜而有水滴出。所以安装空调时要特别注意让安装人员安装室外机出水口和出水管。
　　（4）留意室外机位。空调室外机不可随处安装，其位置的选择应有利于今后的维修与保养。
　　（5）使用空调专用线路，按电气安全性能要求，空调器必须有接地装置。假如连接线中无接地线，那么应有另外的接地装置。接地线严禁与燃气管连接，建筑物内的钢筋作为接地极。除此之外，电路还应该配对应值的保险丝。

ⓠ 怎样使家装达到节能要求？

🅐 （1）外窗。用中空玻璃替换单玻璃，为西向、东向窗户安装活动外遮阳装置。
　　（2）地板。铺设木地板时，在板下格栅间放置矿棉板、阻燃型泡沫塑料等保温材料。
　　（3）户门。定制或加工防盗门时，可要求在门腔内填充玻璃棉或矿棉等防火保温材料。
　　（4）天花板。顶层居民在吊顶时，可在吊顶纸面石膏板上放置保温材料，提高保温隔热性。
　　（5）卫生间。在地板下安装热水加热或电加热采暖装置。
　　（6）窗帘。选择窗帘时，尽量选择布质厚密的窗帘。

ⓠ 怎样利用小细节进行隔音？

🅐 （1）墙壁不宜过于光滑。如果墙壁过于光滑，声音就会在接触光滑的墙壁时产生回声，增加噪声的音量。因此，可选用壁纸等吸声效果较好的装饰材料，另外还可利用文化石等装饰材料，将墙壁表面弄得粗糙一些，使声波产生多次折射，从而减少噪声。
　　（2）用木质家具吸收噪声。木质家具有纤维多孔性的特征，从而达到吸声的目的。
　　（3）用布艺装饰吸收噪声。布艺品有不错的吸声效果。悬垂与平铺的织物，其吸声作用和效果是一样的，如窗帘、地毯等，其中以窗帘的隔声作用最为明显。

鸣谢

中国当代最具潜力的室内设计师 （以下排名不分先后）

赵磊

胡文波
公司：笔墨 BE MORE 设计工作室（创始人）

邓晓燕

夏燕

贾元

康旭
公司：百家装饰

老鬼

龙华
国家注册高级建筑室内设计师

张全金

郑超群
公司：北京实创装饰集团

黄译

常禄
公司：家家美装饰公司

钟方甲
公司：上海鹰洋装饰设计。首席设计师

魏庆嘉

王汝长

房伟
设计专长：室内设计
设计理念：设计源于生活

郑广野

宝琦
公司：威海宣佰设计装饰工程有限公司

黎武

邓超
公司：创艺装饰设计部

陈君
君悦设计工作室

毛囊

程奇山

郭长周

齐闯

李中俊
1996 年毕业于广州美术学院。

池彦华
2010 年毕业于山西建筑材料学院

裴尧
公司：云南泉凰装饰

任伟
公司名称：喔居雅阁装饰设计工作室

李诗海
公司：当阳吉纳装饰

金戈
公司：江苏鲁艺装饰

杨岭峰
公司：抚顺大工装饰

吴安生
中国高级住宅室内设计师

李建春

林合元

王欢
高级住宅室内设计师

康德亮

康宁
公司：嘉尚设计绘图工作室 设计总监

刘成强

戚纹光
毕业于长春师范大学美术系

李丽娜

张汉强
毕业于辽宁工艺美术学院。2010 年就职于辽宁至臻，任设计师

柯晓
柯晓际设计师事务所

文岩
牧笔设计工作室。

刘青清
公司：湖南奥意通程装饰公司

李倩倩
公司：济南鼎煮装饰。官深设计师

且来帅

代文强
设计是一种生活态度

沙建磊
高级室内专业设计师

魏童
中国室内注册设计师

杨璐帆
高级室内设计师，北京十大新锐设计师之一

匡国亮
实创空间室内装饰首席设计师

沈阳奉泉装饰　李 浩　曾成毕